AF461171

DE LA SITUATION

DES

INTÉRÊTS AGRICOLES

DANS L'ARRONDISSEMENT DE LARGENTIÈRE (Ardèche),

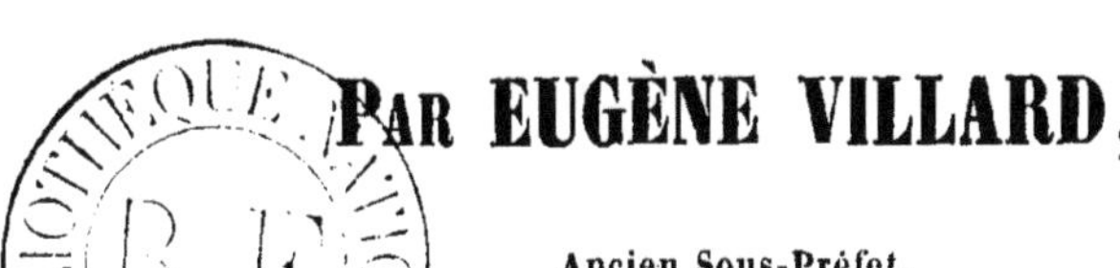

PAR EUGÈNE VILLARD,

Ancien Sous-Préfet.

NIMES,

IMPRIMERIE C. DURAND-BELLE, PLACE DU CHATEAU, 8.

1852.

DE LA SITUATION

DES

INTÉRÊTS AGRICOLES

Dans l'arrondissement de Largentière (Ardèche).

Des trois arrondissements qui forment le département de l'Ardèche, celui de Largentière a le plus d'étendue et le moins de population : cent quatre-vingt-quinze mille quatre cent cinquante-quatre hectares, et cent quatorze mille deux cent onze habitants.

Considéré dans son ensemble, son territoire est comme étagé sur le versant oriental de la chaîne des Cévennes. Amphithéâtre parsemé de volcans éteints, de prairies pentueuses, de gorges profondes, il a des aspects qui semblent ravis à l'Ecosse, ces Cévennes de l'Angleterre. Prenez un touriste d'Edimbourg, et transportez-le sur les bords du lac d'Issarlès, il croira n'avoir pas changé de patrie.

L'importance respective de ses cantons se mesure, non pas à l'étendue, mais à la fécondité du terrain, à la nature des productions, à la douceur du climat, à la facilité des communications. Considéré sous ces divers points de vue, l'arrondissement de Largentière se divise en deux zones distinctes, l'une desquelles comprend les cantons de la partie basse, l'autre les cantons de la partie montagneuse. Dans la zone inférieure, on trouve le mûrier, la vigne, l'olivier, des arbres à fruits, le ciel et la tiédeur des climatures méridionales ; dans la partie haute, des bois de sapins et de hêtres, des prairies naturelles, des eaux vives, de maigres champs de seigle, une température hyperboréenne ; dans la plaine, quelques villes et de nombreux villages riant au soleil et se groupant aux abords de diverses voies de communication; sur la montagne, de pauvres chaumières que la neige couvre six mois de l'an ; des routes qui n'ont en certains endroits qu'une existence nominale, et, malgré les efforts de l'administration, une vicinalité presqu'impraticable.

Des différences non moins essentielles se font remarquer dans les mœurs, les habitudes et la constitution physique des individus. Mélange de sangs divers, l'habitant de la plaine allie la vigueur corporelle des hommes du nord à la fougue et à la mobilité des races méridionales. Il est difficile de voir rien de plus parfait que les contingents annuels fournis à l'armée par les cantons des Vans, Vallon, Joyeuse et Largentière. Il n'en est pas ainsi des populations de la montagne. Sous l'influence d'une alimentation trop peu substantielle, des alternatives d'un repos absolu pendant l'hiver, et d'un travail excessif pendant l'été, elles dégénèrent et s'étiolent. Cette race d'hommes, type aux trois-quarts effacé du Gaulois vaincu, est patiente et rusée ; son luxe à elle est de manger du pain de froment ; sa passion, cause de ruine, est d'intenter et de soutenir des procès.

Nous avons indiqué ces dissemblances afin de pouvoir généraliser sans inconvénient les appréciations qui vont suivre. Si des distinctions nouvelles deviennent nécessaires, elles trouveront naturellement leur place dans le cours de cette étude. En attendant, il suffira de se reporter à ce qui précède pour réduire à leur juste valeur celles de nos observations qui ne seraient pas applicables à l'arrondissement entier.

Vers le milieu du dix-huitième siècle, cette partie de l'ancien Vivarais, comprise de nos jours dans l'arrondissement de Largentière, manquait de voies de communication ou n'en avait que de très-incomplètes. Son territoire, entrecoupé de rivières et de torrents sans ponts, et la plupart sans bacs, renfermait une population connue pour la rudesse et la simplicité de ses mœurs. Toutes les ressources du pays consistaient dans les produits d'un sol encore en friche sur bien des points. On y plantait déjà des mûriers et on y élevait des vers à soie, mais l'industrie séricicole n'avait pas encore détrôné la culture des céréales et l'élève des bestiaux. La confirmation de ce fait se trouve dans l'aspect des vieux mûriers dont les troncs vermoulus n'apparaissent qu'à la limite des héritages et sur le bord des chemins publics. On économisait sévèrement le terrain. Parmi les arbres de haute tige, le noyer et l'amandier avaient seuls le privilége de prolonger leurs lignes à travers les terres ensemencées. Toute l'ambition du propriétaire était de trouver dans son domaine de quoi se nourrir et se vêtir, sans avoir rien à acheter, si ce n'est le sel. La jeune fille à qui l'on donnaït trois mille livres en avancement d'hoirie, et qui se constituait personnellement trois cents livres pour ses nippes et dorures, était alors un beau parti.

Le petit nombre de fortunes territoriales existant dans le pays appartenait à des familles nobles dont les membres, pour tenir un rang, soit à Paris, soit dans les principales villes de province, étaient réduits à escompter leurs revenus et souvent même à aliéner une portion de leur patrimoine. Quelques bourgeois s'élevaient au-dessus du commun par leur intelligence, soit dans le négoce, soit dans l'étude des lois ou de la médecine. Ne pouvant, à raison des travaux de leur profession, s'adonner utilement à l'agriculture, ils prenaient le parti de vendre, à titre de bail à rente perpétuelle, leurs immeubles les moins productifs et les plus difficiles à exploiter. Ces aliénations profitaient à de pauvres familles ardentes au travail et accoutumées à la rude vie des champs. On trouve dans les études de notaires bon nombre de ces baux, dont la date remonte à diverses époques du siècle dernier. Ce fut le premier pas vers la division de la propriété.

Dans les dernières années du même siècle, la population de l'arrondissement ne s'élevait guère qu'aux trois cinquièmes de la population actuelle. Le même rapport existait dans la valeur vénale des immeubles. La plupart des produits du sol se sont accrus dans des proportions diverses ; un petit nombre a diminué ; d'autres sont restés stationnaires. L'olivier, l'amandier, le noyer, sont devenus plus rares : question de climat pour l'olivier ; calcul de l'agriculteur quant au noyer et à l'amandier. Le produit des céréales n'a pas sensiblement varié ; si de nombreux défrichements ont eu pour résultat de l'augmenter, les envahissements de la vigne et du mûrier l'ont nécessairement amoindri ; de là, compensation. La même observation s'applique au châtaigner. Quant au mûrier, nous le répétons, il a su trouver place partout, dans les terrains d'alluvion et sur le penchant des collines, dans les enclos, dans les jardins, au seuil des habitations et jusque sur la voie publique. C'est au point que, d'après des documents ayant une origine officielle, le produit du mûrier serait huit fois plus fort aujourd'hui qu'à la fin du siècle dernier.

C'est aux progrès toujours croissants de cette culture que l'arrondissement doit, en grande partie, ces remarquables travaux d'art agricole, ces terrassements, œuvre de patience, que l'on y rencontre à chaque pas. La ville de Largentière offre elle-même un curieux spécimen de ces merveilles de labeur. Sur les collines qui l'enserrent, il n'a point suffi de creuser le sol pour en faire surgir des myriades de plants d'arbres, il a fallu le créer auparavant, en le disputant aux eaux pluviales et en extirpant le rocher qui le couvrait d'espaces en espaces.

On comprend que des hommes qui font de leur champ ce qu'un peintre fait de sa toile, un statuaire de son bloc de marbre, tiennent à leur œuvre par sentiment non moins que par intérêt. Nous serons amenés, plus tard, à parler de la puissance de ce lien et de l'influence, soit bonne, soit mauvaise, qu'il exerce sur les destinées du cultivateur.

Durant la révolution et l'empire, les intérêts agricoles de l'arrondissement eurent à souffrir de nos divisions intestines et de la guerre étrangère. La restauration, en assurant une longue paix à l'Europe, imprima à l'agriculture un élan d'autant plus énergique qu'il avait été plus longtemps contenu. C'est de cette époque que datent l'élévation du prix des soies et le prodigieux accroissement de cette récolte. Les biens immeubles atteignirent bientôt une valeur qu'ils n'ont jamais dépassée depuis. A la vue du magnifique produit des chambrées, on se prit à considérer le sol comme une mine inépuisable, et on pensa qu'on n'en posséderait jamais assez. De là, la manie d'acquérir sans argent et la nécessité de contracter des engagements que l'on croyait pouvoir facilement remplir.

Tout alla bien pendant quelques années : l'amour du travail semblait grandir, l'accroissement de la population fournissait de nouveaux bras à la terre, et les campagnards conservaient encore leur simplicité de mœurs et leurs habitudes d'épargne, cette fortune que l'adversité n'atteint pas. Cependant, à mesure que le numéraire devenait plus abondant, le commerce au détail des marchandises les plus usuelles se répandit des petites villes aux campagnes, et les usages d'une civilisation plus avancée pénétrèrent dans nos cantons.

Ce résultat fut obtenu à l'aide des améliorations progressives qu'éprouvèrent, à compter de 1830, les voies de communication de l'arrondissement. Les ingénieurs étant parvenus à démontrer, sans paradoxe, que dans les pays de montagnes la ligne droite n'est pas le plus court chemin d'un point à un autre, les rampes de 15 à 20 p. 0/0 ne tardèrent pas à être abandonnées pour de nouveaux tracés qui, tout en doublant la distance, permettaient de tripler la vitesse du parcours, à raison de leur imperceptible déclivité.

Ces rectifications furent successivement complétées par la construction de plusieurs ponts, et l'arrondissement eut enfin des routes charretières. Il y avait à cela de nombreux avantages, mêlés à quelques périls qui ne furent pas évités. Les importations devenant plus faciles, l'agriculteur se procura à meilleur marché les objets de consommation que l'arrondissement ne produit pas. D'autre part, il fut amené à se créer des besoins factices et à contracter les habitudes d'un luxe relatif incompatible avec sa position. Nous ne voulons point parler de certaines améliorations hygiéniques qui intéressent la santé de l'homme. Tout progrès, en ce point, est désirable, et l'on doit s'en réjouir. Ce à quoi nous faisons allusion, c'est aux dépenses superflues appliquées soit à la toilette, soit à la fréquentation des cabarets et des cafés.

Il n'est pas sans intérêt d'étudier l'influence que ces habitudes ont exercée sur le sort de nos populations. Et, d'abord, constatons qu'elles ont eu pour effet immédiat de porter une grave atteinte à la loi du travail et à la discipline dans les familles. Nous ne craignons pas d'être démenti en affirmant que le vol est organisé dans beaucoup de maisons de nos campagnes. Les voleurs ce sont les enfants, le volé c'est l'auteur commun dont les revenus se trouvent notablement ébréchés par ces larcins continuels que favorise trop souvent la mère de famille, dans le but coupable de complaire à ses filles, en satisfaisant leurs frivolités.

D'autre part, il est constant que le dédain des occupations manuelles a gagné notre génération. Voyez plutôt ce qui se passe autour de nous. Ici, c'est un laboureur qui, las de récolter dans ses sillons, entreprend le commerce des grains. Là, c'est un magnanier qui s'avise d'acheter et de faire filer les cocons de ses voisins, le tout pour vendre ses produits huit ou dix francs de moins par kilogramme que les soies des filatures d'ordre, bien qu'il ait payé le même prix de la marchandise. Celui-ci, abandonnant la charrue pour se placer au cordeau d'une charrette, veut essayer du roulage. Cet autre aborde l'achat et la revente des soies grèges; il joue à la hausse et à la baisse, et prend la qualité de négociant.

On n'en finirait pas si l'on voulait énumérer toutes les variétés de ces changements d'état qui, sous l'apparence d'une résolution sérieusement méditée, n'ont d'autre mobile que le désir de goûter les jouissances d'une vie moins monotone et de tenter l'inconnu.

Sauf quelques exceptions honorables et malheureusement trop rares, de pareils essais n'entraînent que des résultats désastreux. On tient à rester propriétaire tout en cessant d'être agriculteur ; or, comme une mise de fonds est nécessaire dans toute entreprise commerciale, on s'adresse le plus souvent, non pas aux capitalistes du pays, auxquels on veut cacher sa position, et qui ne prêtent d'ordinaire que sur hypothèque, mais à des banquiers étrangers à l'arrondissement, lesquels se contentent d'une lettre de change lorsqu'il n'y a pas péril en la demeure. Les conditions de l'emprunt sont connues ; c'est à prendre ou à laisser. Six pour cent l'an d'intérêt, trois pour cent d'agio, recouvrement ou droit de commission, échéance et renouvellement trimestriels ou semestriels des traites consenties ; bref, ces conditions qui peuvent n'avoir rien d'anormal sur les places de commerce où l'industriel retire de son actif un intérêt proportionné à celui que lui coûte son passif, sont tout simplement ruineuses pour des apprentis négociants dont l'avoir consiste en quelques propriétés d'un revenu net de deux ou trois pour cent au plus. Le premier emprunt contracté, ils se trouvent pris dans une espèce d'engrenage où leur impéritie et leur négligence aidant, cet avoir ne tarde pas à passer tout entier. Quel martyrologe ne composerait-on pas avec les noms de ces agriculteurs déclassés ?

Ce dégoût de la vie des champs n'a pas toujours des conséquences aussi tristement positives ; il conduit parfois à une négation. Tourmentés par une vague inquiétude qui est à leurs yeux l'indice d'une haute vocation, des fils de laboureurs n'aspirent qu'à sortir de la sphère dans laquelle la Providence les a placés. Ce dont ils sont capables, nul ne le sait et ils ne le savent point eux-mêmes. Pourtant il serait bon que ces incompris dévoilassent leurs aptitudes. Les natures d'élite se révèlent sous le toit du campagnard et dans la mansarde de l'ouvrier, comme dans la demeure du riche. On n'a pas oublié ce pâtre de nos montagnes, statuaire d'instinct, auquel le département a fourni, pendant plusieurs années, les moyens d'étudier la sculpture à Paris. Le Conseil général n'est pas tellement blasé sur cette espèce de révélations, qu'il ne se décide à encourager celles qui se produiront encore.

Plaçons en regard de ces mécontents de la glèbe un de ces prolétaires qui demandent au travail ce que le travail seul peut leur donner, savoir : la propriété et la liberté. Guidé par son instinct, il distingue dans les produits du sol la portion afférente à la main d'œuvre et la portion afférente au capital. Il comprend que plus le sol demande à l'homme, et moins il a de valeur vénale, et *vice versâ*. Partant de ce principe, il jette son dévolu sur des terrains en friche ou en mauvais état de culture. Créer ou recréer, voilà son but auquel il parvient en s'isolant du monde et en prodiguant ses sueurs à la terre. Jetez en passant un regard sur son œuvre : cette maison des champs, qui s'élève au milieu de plantations de mûriers et de vignes, il a mis vingt ans à la construire. D'année en année, l'achat d'un nouveau terrain est venu agrandir le domaine, et un nouvel appendice s'ajouter au bâtiment. C'est l'histoire de Perrette, la laitière, moins le lait renversé.

En délivrant au cultivateur enrichi ce certificat d'origine, nous n'avons pas l'intention de contester la légitimité des fortunes héréditaires. Les descendants d'une même souche ne sont à nos yeux que les anneaux d'une même chaîne, et dans la succession du père au fils, nous voyons une continuation plutôt qu'une mutation. Ce principe, consacré par la loi civile, grandit la puissance du lien qui attache l'homme à l'arbre qu'il plante, au sillon qu'il fructifie. Malheureusement, et ici commence l'abus, la coutume d'autrefois, qui faisait une obligation d'honneur aux aînés de conserver intacts les biens de leur race, a survécu au droit d'aînesse, bien que sans lui elle n'ait pas de raison d'être. Elle inspire, on ne peut le nier, ce noble sentiment qui fait qu'un chef de famille veille sur l'héritage de ses pères comme un soldat sur son drapeau ; mais, en face des nécessités sociales et des difficultés économiques qui tourmentent le temps présent, elle va contre son but : car la concentration sur une seule tête d'un patrimoine grevé de charges aboutit infailliblement à l'aliénation de ce même patrimoine.

Il faut que la maison tienne : telle est l'idée fixe du propriétaire-agriculteur, réglant par un partage anticipé les affaires de sa succession. Le risque de faire un traité sujet à rescision l'inquiète peu, et, contrairement aux principes d'égalité formulés dans la loi civile, il s'efforce d'attribuer l'intégralité du fonds héréditaire au premier né de ses fils, en le chargeant de payer une soulte à chacun de ses autres enfants. Quelle sera la position de cet aîné, ou, pour parler plus exactement, de ce préciputaire ainsi loti ? Supposons, avec un patrimoine de trente mille francs, les circonstances les plus rares et les moins défavorables, l'absence d'un passif et deux héritiers seulement. Dans ce cas, le préciputaire se trouve débiteur d'une somme de dix mille francs, à laquelle il convient d'ajouter un millier de francs pour droits d'enregistrement de la mutation, honoraires du contrat, coût de la transcription de la donation et de l'inscription du privilége de copartageant. Voilà donc un héritage de trente mille francs grevé de onze mille francs de dettes, et un propriétaire obligé de prélever sur son revenu un intérêt annuel de six cents francs au moins, y compris le montant de ses impositions. L'héritage et l'héritier auront bien du bonheur s'ils parviennent, nous ne disons pas à se libérer et à se dégrever, mais à ne point s'endetter et se grever davantage. Ferez-vous intervenir, comme le *Deus ex machinâ*, une femme dont la dot désintéressera les cohéritiers du préciputaire? Mais si vous admettez la femme, vous ne pouvez exclure sa descendance, c'est-à-dire la substitution de nouvelles charges à celles dont l'héritage vient d'être affranchi.

Ces enfants, il faudra les établir, les doter, par suite, contracter un emprunt ; puis viendront les maladies, les mauvaises années, et les charges dépassant les revenus, les intérêts de la dette resteront impayés, et une expropriation s'ensuivra. Parvenu à ce terme fatal, le père de famille n'a plus qu'une ressource : s'il est marié sous le régime dotal, sa femme pourra remployer le montant de ses reprises, en se rendant adjudicataire du champ-mas exproprié ; par ce moyen, un étranger ne viendra pas s'établir sous le toit qui cache le lit mortuaire de l'aïeul et le berceau du nouveau-né. Marié sous le régime de la communauté, il ne ferait que rendre sa ruine plus complète en la retardant de quelques années. La dot cessant d'être inaliénable, la femme s'obligerait pour le mari et transporterait le montant de ses créances matrimoniales au créancier le plus agile dans cette course à la subrogation. Le régime dotal est généralement adopté parmi nos populations. Dans l'intérêt de la famille, conservons-le.

Ce que nous avons dit du donataire grevé de charges s'applique à tout débiteur placé dans des conditions analogues. Cet ordre d'idées nous conduit à examiner quels sont, dans l'arrondissement de Largentière, les rapports existant entre le capital mobilier et la propriété foncière.

A l'époque où la culture du mûrier, ayant pris des développements considérables, commença à produire des résultats inespérés, le prêt d'argent, à six pour cent l'an, par billet, était assez commun, et, chose étrange, cet intérêt était plus régulièrement payé que ne l'est aujourd'hui l'intérêt au taux légal. Insensiblement, le loyer de l'argent, dans la masse des transactions, descendit à ce dernier taux. Nous n'avons pas à nous occuper des tripotages qui ont lieu sous le manteau de la cheminée, dans certaines régions où l'exploiteur est au niveau de l'exploité ; nous n'avons pas à rechercher non plus si, dans une sphère plus élevée, la fortune serait pour quelques hommes le fruit de l'usure : il n'appartient qu'aux tribunaux de faire une semblable enquête ; nous n'empièterons pas sur leurs attributions.

La forme la plus commune de l'emprunt, pour le petit propriétaire, est l'obligation notariée. La fixation de l'échéance à un an de date est de style. Le prêt ainsi fait n'est d'ordinaire qu'un placement à long terme. Il n'est pas rare de voir des titres de cette nature être l'objet d'un renouvellement qui implique une existence trentenaire. D'après la loi bursale du 14 juillet 1850 et le tarif adopté par la Chambre des notaires de l'arrondissement, les frais appliqués à une obligation de mille francs s'élèvent à vingt-six ou vingt-sept francs environ, y compris le coût des formalités hypothécaires ; celui de la quittance et de son expédition est approximativement de la moitié de cette somme, soit le tout ensemble, quarante francs. Nous ne supposerons pas un intervalle de trente ans entre le prêt et le remboursement ; nous réduirons, si l'on veut, cet intervalle à dix ans. Eh bien ! comme dans ce cas il n'y a pas lieu de renouveler ni de radier l'inscription dont la péremption coïncide avec la libération du débiteur, celui-ci supporte en frais une somme qui, répartie à toute la durée de l'emprunt, n'élève pas le taux de l'intérêt à cinq et demi pour cent. Ce taux serait encore diminué si, comme cela se pratique quelquefois, le débiteur se contentait de la remise de la grosse du titre revêtue de l'acquit du créancier.

Il n'entre pas dans notre plan d'examiner le système de l'incoërcibilité du capital, point dominant en cette matière. Le prêt d'argent se présente à nous sous deux aspects : la loi et la conscience humaine. Nous sommes d'avis qu'il faut respecter les lois de son pays d'abord, et qu'ensuite, on ne doit pas faire ce que la conscience réprouve, lors même que la loi ne le défend pas. Ainsi, l'individu qui place ses fonds au six enfreint la loi et commet un délit; mais le créancier qui, abusant de sa position, exige de son débiteur une vente à réméré dont les conditions lui sont avantageuses, dans la pensée que ce dernier ne pourra pas effectuer le rachat à l'époque convenue; mais cet autre créancier qui, porteur d'un titre exécutoire, poursuit l'expropriation des biens sur lesquels repose sa créance, dans le but de se les voir adjuger à vil prix, commettent tous deux plus qu'un délit : aux yeux de la conscience, ils se rendent coupables d'un odieux méfait.

Telles sont, entr'autres accusations, celles que la propriété foncière a plus d'une fois élevées contre le capital mobilier. A son tour, le capital a bien quelque droit de récriminer contre la propriété foncière. Le souvenir d'une époque où les débiteurs se libéraient sans scrupule au moyen d'un papier-monnaie déprécié à ce point qu'une paire de souliers coûtait mille écus en cette valeur, n'est point encore effacé, et l'on sait que, dans ces derniers temps, bon nombre de débiteurs dissimulaient mal leur désir de s'acquitter un jour de la même façon. Il est permis également, tout en faisant une large part à la détresse agricole, d'attribuer avec quelque certitude au mauvais vouloir des propriétaires le retard apporté au paiement de leurs intérêts : n'en a-t-on pas vu qui, après avoir semé, moissonné et récolté comme de coutume, répondaient à leurs créanciers par des railleries, quelquefois même par des injures et par des menaces ?

Nous en avons dit assez pour balancer les griefs de l'argent et du sol ; passons à un autre ordre d'idées.

On compte, à très-peu près, dans l'arrondissement, pour cette année 1852, trente-quatre milles cotes foncières. Il existe, en outre, un certain nombre de propriétaires qui, ne possédant qu'en vertu d'un titre secret, ne sont pas nominativement portés au rôle de la contribution. On peut juger par ce simple aperçu de l'extrême division de la propriété ; elle est, respectivement à l'étendue des territoires, sept fois plus grande dans les cantons méridionaux que dans les cantons de la montagne. On peut assigner plusieurs causes à cette différence. Dabord, l'importance des propriétés nationales et communales existant dans ces derniers cantons, puis l'infériorité relative du chiffre de leur population, enfin, la nature des domaines qu'ils renferment, lesquels ne peuvent être affermés avantageusement s'il n'ont une certaine étendue et s'ils n'offrent dans un seul ténement toutes les productions du climat, de manière que chaque exploitation puisse se suffire à elle-même.

C'est précisément l'inverse qui a lieu dans la partie inférieure. Il n'est pas rare de voir des propriétaires inscrits au rôle de l'impôt foncier pour une taxe de vingt-cinq à trente francs, posséder huit ou dix lopins de terre éparpillés dans le territoire de la même commune. Si l'on consulte les répertoires des actes des notaires, on y verra que sur dix ventes de terrains cultivables, il en est huit dont le prix principal ne dépasse pas la somme de mille francs. Or, en fixant à trente-cinq centimes le mètre la valeur moyenne de ces terrains, on est amené à conclure que les quatre cinquièmes des ventes ont pour effet de fractionner le sol en parcelles dont l'étendue est inférieure à trente ares.

Nous avons parlé du danger de la concentration d'un héritage mobilier, grevé de charges, sur la tête du même individu; il est facile de comprendre que cet extrême fractionnement du sol ne peut que causer aussi un grave préjudice aux intérêts de l'agriculture. Perte de temps, surcroît de travail, défaut de surveillance, créations volontaires ou forcées de servitudes de passages; par suite, dépréciation des propriétés, contestations et procès : telles en sont les conséquences ordinaires. A ce point de vue, on doit regretter l'abrogation de l'art. 2 de la loi du 16 juillet 1824, qui réduisait au droit fixe d'un franc l'enregistrement des échanges d'immeubles ruraux , lorsque l'un des immeubles échangés était contigu à une propriété appartenant à celui des copermutants qui le recevait.

Il ressort de ce qui précède que les prolétaires sont peu nombreux dans nos campagnes. On ne saurait, en effet, appliquer cette dénomination à des individus qui, sans être propriétaires , cultivent les propriétés qui doivent leur échoir héréditairement. L'immense majorité des ouvriers agriculteurs est dans ce cas : toutefois , comme les immeubles qu'ils possèdent , soit directement, soit indirectement, n'ont pas assez d'importance pour les faire vivre, la plupart d'entre eux vont travailler à la journée pour le compte d'autrui.

Dans la saison des vers à soie, alors que les bras manquent dans le pays , des manouvriers de l'un et de l'autre sexe descendent de la partie haute de l'arrondissement et des autres parties montagneuses de l'Ardèche pour chercher du travail dans nos cantons méridionaux. La beauté du climat et l'aisance relative qu'ils y remarquent font que beaucoup d'entre eux s'y marient et s'y établissent définitivement, ce qui a pour effet de créer une concurrence fâcheuse aux ouvriers du pays , d'accroître outre mesure la population et de grever de lourdes charges les budgets des établissements charitables. Sans cette circonstance, il serait facile de trouver en tout temps de l'ouvrage pour nos travailleurs agricoles et de leur faire un sort heureux , comparativement à celui des travailleurs du nord de la France. Le taux de la journée de travail , que le

Conseil général fixe chaque année à un franc vingt-cinq centimes pour tout le département, est inférieur au prix qu'on en paie dans la plus grande partie de l'arrondissement de Largentière. Ce prix est, en moyenne, d'un franc cinquante centimes, y compris la nourriture qui est répartie en quatre repas et qui s'est notablement améliorée depuis quelques années, surtout en ce qui touche la qualité du pain.

Pour se mettre à l'abri du chômage, les ouvriers les plus laborieux et les plus rangés deviennent domestiques à gages. Cette condition leur réussit généralement et ils n'en sortent guère sans posséder un pécule plus ou moins considérable. Ils forment comme une pépinière de petits propriétaires. Habitués à cultiver la terre, ils ne connaissent d'autre caisse d'épargne qu'un champ en friche qu'ils fouillent et transforment à leur gré. Ajoutons, au risque d'être taxé de faire de la peinture rétrospective, que la domesticité n'a pas dans nos campagnes le caractère de servilité qu'elle revêt dans les centres de population. Les rapports du maître et du valet de labour sont affectueux et simples; réunis pendant les travaux de la journée, le repas du soir les réunit encore à la même table, et le serviteur disparaît derrière le compagnon.

Nous avons énuméré les diverses productions de l'arrondissement : il nous reste à examiner si le mode d'exploitation du sol n'a pas contribué dans une certaine mesure au développement de la détresse agricole. La prédominance du mûrier sur les autres cultures a eu pour résultat immédiat d'accroître, dans des proportions immenses, le capital en circulation dans le pays. Ses résultats médiats sont loin d'être aussi avantageux. Nous nous sommes expliqué sur ce point, nous n'y reviendrons pas; nous dirons seulement qu'en présence des produits obtenus, soit à l'étranger, soit dans les nouveaux départements séricicoles, et de la supériorité des soies sorties des filatures des Champs-Elysées, des bergeries de Sénart, etc., il est peut-être regrettable qu'on ait autant sacrifié à cette culture dans nos contrées. On commence à s'apercevoir que, dans les terrains d'alluvion surtout, les nouvelles générations de mûriers, après s'être rapidement développées, dépérissent et meurent successivement, sans qu'on puisse, au premier abord, assigner une cause à cette mortalité. Pour éviter la contagion, on crée de nouvelles lignes, mais cette manœuvre aboutit, après quelques années, à peupler les couches inférieures du sol d'un fouillis de racines qui ne tardent pas à corrompre les sucs nécessaires à la vie des jeunes plantations.

En ce qui touche les autres cultures, une longue pratique et la connaissance des diverses natures de terrains guide assez sûrement le campagnard dans l'exploitation de ses propriétés. Ne tenant compte que des résultats, il a des traditions agricoles qui resteront toujours inédites et qu'aucune méthode scientifique ne remplacera jamais. Dans son voisinage, une ferme-école n'aurait que faire: le sol manquerait à ses expériences, la foi des masses à ses théories. Dans une contrée où les domaines arables de quinze à vingt hectares sont une rareté, le propriétaire ne veut rien donner au hasard, parce qu'il n'a pas beaucoup à perdre. Les seules innovations favorablement accueillies seraient celles qui s'appliquent à l'éducation des vers à soie, surtout au régime des coconières. En cette matière, la routine commence à perdre de son empire. Mais que d'efforts à tenter, que d'améliorations à réaliser encore dans l'intérêt de notre industrie séricicole !

Il existe depuis l'année 1845, dans l'arrondissement de Largentière, un Comice agricole récemment augmenté d'une Chambre consultative d'agriculture. Une subvention ministérielle de quinze à dix-huit cents francs a été employée annuellement par le Comice à l'encouragement des éleveurs de bestiaux. A-t-elle produit les résultats qu'on en pouvait attendre ? Nous n'osons pas l'affirmer. Certes, il y a d'importantes améliorations à introduire dans l'élève des bestiaux. Il ne s'agit de rien moins que de mettre un terme aux ravages de la péripneumonie contagieuse des bêtes à cornes, en proscrivant un système de stabulation qui favorise l'invasion de la maladie et en accélère les progrès. C'est là une immense question pour les propriétaires et les fermiers de la montagne. Nous pensons qu'elle ne recevra une solution avantageuse que par suite de modifications essentielles apportées dans l'emploi des fonds mis à la disposition du Comice. Peut-être conviendrait-il de faire servir une partie de ces fonds au paiement des frais d'inspections périodiques, confiées à un ou deux hommes de l'art, étrangers au pays, lesquels auraient mission de visiter les étables, d'indiquer aux éleveurs les prescriptions hygiéniques et curatives commandées par les circonstances et de signaler à l'autorité ceux d'entre eux qui, par des efforts intelligents, auraient acquis des droits à la répartition du surplus de la subvention.

La muscardine est aux coconières ce que la péripneumonie contagieuse est aux bergeries. Il serait donc équitable d'encourager aussi le magnanier dans les tentatives qu'il fait pour en préserver sa chambrée. C'est sous l'influence de cette pensée que le Comice a demandé et obtenu, en 1849, une subvention de quatre cents francs : ce crédit a été maintenu les années suivantes. Si l'on parvenait à obtenir du ministre une subvention plus considérable, nous pensons qu'il conviendrait d'en faire servir une partie à répandre dans les campagnes des manuels pratiques de sériciculture, contenant l'exposé des méthodes dont l'emploi est le moins dispendieux et dont l'efficacité a été démontrée par l'expérience. Le surplus du crédit serait utilement affecté à l'achat d'engins de magnanerie, tels que tables en fil de fer et filets de délitage que l'on distribuerait en primes aux plus habiles et aux plus soigneux parmi les petits éducateurs.

Nous le répétons, il reste encore beaucoup à faire dans l'intérêt de notre industrie séricicole, à commencer par le choix des races, dont la dégénérescence devient d'année en année plus manifeste, et à finir par l'embrujage, cette phase si critique pour le ver, et si émouvante pour le magnanier. Quoi qu'il en soit, l'incertitude des résultats de cette industrie nous conduit à examiner ses rapports avec l'impôt.

L'assiette de la contribution foncière repose sur deux éléments : l'étendue et la qualité du terrain, abstraction faite des cultures et des plantations qu'il reçoit. Ce principe, on doit le reconnaître, prend sa source dans une pensée de moralisation et de progrès. Il frappe l'incurie et la paresse ; il encourage l'intelligence et le travail.

La sériciculture n'a donc pas à se plaindre des bases sur lesquelles est établi l'impôt foncier annuel. Quant aux mutations, le principe varie suivant qu'il s'agit d'une mutation à titre onéreux ou d'une mutation à titre gratuit. Dans le premier cas, la plus-value que les mûriers donnent à l'immeuble aliéné s'ajoute à la valeur intrinsèque du sol ; dans le second cas, c'est le produit annuel de la terre ajouté au produit annuel de la plantation qui forme le capital sur lequel sont perçus les droits.

Point de difficulté quant à l'application du premier système. Le fisc se trouvant en présence d'un vendeur et d'un acheteur, c'est-à-dire de deux intérêts opposés, voit une garantie dans cet antagonisme et accepte l'évaluation des parties, sauf le cas de dissimulation à son préjudice.

Dans le cas d'une mutation à titre gratuit, s'il n'existe

pas de baux courants, l'appréciation du revenu est essentiellement arbitraire. Par un convenu tacite entre les contribuables et l'administration de l'enregistrement, le revenu imposable des immeubles à déclarer sert le plus souvent de base aux évaluations. Cette manière d'opérer produit des résultats assez équitables, pourvu que l'on tienne un compte exact du rapport existant entre le revenu imposable et le revenu réel.

Si l'administration estime que l'évaluation est insuffisante, elle provoque une expertise. Ici se présentent de graves difficultés. Les frais de culture prélevés, d'après quelles bases les experts commis évalueront-ils le produit du mûrier? Sera-ce en le séparant de l'industrie sans laquelle il perd la presque totalité de sa valeur? Sera-ce, au contraire, en le suivant dans les transformations successives que lui fait subir le sériciculteur? Mais l'un et l'autre système aboutissent à des conséquences inadmissibles. Suivant l'un, le fisc perd tout, ou peu s'en faut; suivant l'autre, il tarife avec le produit du mûrier le prix de la graine du ver, du loyer de la coconière et de son matériel, de la main-d'œuvre, des soins et de l'intelligence du magnanier. Or, c'est ce que la loi n'a pas voulu, puisqu'elle n'a pas classé le sériciculteur parmi les industriels patentables.

A l'appui du système qui lui est favorable, la régie objecte qu'on ne doit pas se préoccuper des éléments qui concourent à la formation du prix de la feuille, attendu que le propriétaire qui vend ce produit n'expose aucun déboursé, ne se livre à aucun travail et ne court aucun risque. Cette objection, très-sérieuse en apparence, perd une grande partie de sa valeur si l'on observe qu'il n'y a qu'un petit nombre de propriétaires en position de vendre leur feuille; et que, pour ce petit nombre, vendre ne veut pas dire recevoir un prix. Tout le monde sait comme se traite cette sorte de marchés. La généralité des ventes a lieu verbalement plusieurs mois avant la saison des vers. On les nomme ventes à feuille morte. Le prix en est fixé après la récolte, proportionnellement à celui des cocons; il s'élève, année commune, à cinq ou six francs le quintal, suivant les localités. Or, qui achète la feuille à ces conditions? De pauvres artisans qui n'offrent au propriétaire d'autre garantie que la chance d'une bonne réussite. Si cette chance se réalise, ils paient; sinon, ils ne paient qu'en partie, souvent même pas du tout. Que l'on fasse dans l'arrondissement une enquête sur la valeur des créances ayant cette origine, et l'on acquerra la certitude que, bon an mal an, plus du quart de la feuille ainsi vendue reste impayé.

Nous estimons, en conséquence, que la valeur qu'on assigne communément au produit du mûrier est une valeur mensongère, et qu'en la prenant pour base des évaluations dans les transmissions à titre gratuit, même après en avoir déduit les frais de culture, on s'expose à tarifer des espérances au même taux que des réalités.

Il faut reconnaître que cette matière comporte difficilement une législation spéciale ; toutefois, nous croyons qu'il ne serait pas impossible d'arriver par des moyens rationnels à la fixation d'un prix légal pour la feuille de mûrier dans chaque canton de l'arrondissement. Voici comment s'obtiendrait ce résultat :

Un homme compétent, un membre de la Chambre consultative d'agriculture, par exemple, serait appelé à constater le poids des cocons produits et celui de la feuille consommée par les vers d'un sériciculteur placé dans les conditions les plus ordinaires ; du prix total de ces cocons, calculé d'après le cours moyen de la marchandise, il déduirait les frais de culture du mûrier, ceux de l'éducation des vers, et de tous autres accessoires. Cette déduction faite, il inscrirait le produit net de la chambrée en regard de la quantité de feuille consommée. Après avoir renouvelé cette opération pendant quatre années consécutives, il additionnerait les sommes portées dans chaque colonne, puis, divisant le total des chambrées par le total des quintaux de feuille, il obtiendrait pour quotient un chiffre qui exprimerait la valeur réelle du quintal.

On pourrait, pour plus de garantie, confier cette mission à plusieurs délégués chargés d'opérer ensemble chez plusieurs sériciculteurs. Il conviendrait, en outre, que ces expériences fussent permanentes, de manière à obtenir dans chaque période quinquennale une espèce d'étalon qui tendrait à varier suivant les améliorations apportées à l'éducation des vers et les circonstances de nature à modifier le prix des cocons.

Nous ne citerons que pour mémoire l'influence des impôts indirects sur notre situation agricole ; nous subissons à cet égard la loi commune, moins comme producteurs que comme consommateurs ; quant aux octrois, l'arrondissement n'en a qu'un seul, celui de Largentière, dont les tarifs ne s'appliquent qu'à un petit nombre de produits, et si n'étaient les droits qui frappent l'introduction de nos bestiaux dans les marchés des départements voisins, cette institution resterait ignorée dans nos campagnes.

La législation douanière nous touche par un point essentiel, celui qui règle l'importation et l'exportation des soies ; question complexe qui se rattache à des systèmes depuis longtemps controversés et sur lesquels la science économique n'a pas dit son dernier mot.

Quand on réfléchit à l'action incessante des causes que nous venons d'énumérer, on s'étonne que la ruine de nos agriculteurs ait été retardée jusqu'à ces derniers temps ; dès avant février 1848, la crise paraissait inévitable ; la révolution l'aggrava en la précipitant : en un jour, le crédit disparut et les transactions s'arrêtèrent ; le créancier et le débiteur de bonne foi reconnurent, le premier, qu'il avait trop prêté, le second, qu'il avait trop emprunté. L'impôt des quarante-cinq centimes, qui fut peut-être une nécessité du moment, mit le comble à la détresse de nos contribuables. Cette charge fut pour eux d'autant plus lourde qu'elle portait non-seulement sur le principal de la contribution, mais encore sur le montant des impositions locales, et qu'à ce moment le nombre de centimes additionnels votés dans beaucoup de nos communes atteignait le maximum fixé par la loi.

Cette même année, les cocons se vendirent 2 fr. le kilogramme, et le producteur ne fit pas ses frais ; on sait que, dans les années suivantes, le vin, les céréales et les autres produits alimentaires ont été abondants, mais sans valeur ; quant aux soies, leur rareté n'a pas permis au sériciculteur de profiter de la hausse des prix. L'élève des bestiaux a moins souffert que les autres industries agricoles, et, sans les épizooties qui ont sévi dans les cantons de la montagne, l'habitant de cette contrée eût traversé plus facilement la crise que celui de la partie basse de l'arrondissement.

En nous livrant à l'examen des causes de notre détresse agricole, nous avons implicitement indiqué les remèdes que l'on doit y apporter ; nous ne reviendrons pas sur ce point ; toutefois, nous croyons devoir insister sur une considération qui nous paraît dominante.

Dans nos campagnes, nous l'avons déjà dit, l'aisance et l'accroissement des patrimoines sont le fruit du travail et de l'épargne de plusieurs générations. Que le passé soit pour nous un enseignement ; ne dédaignons pas la simplicité de mœurs de nos pères : sans cesser d'être hospitaliers, devenons un peu plus rustiques. Il sert de peu au laboureur d'être aux écoutes des bruits du monde et d'abandonner ses sillons. Conservons comme une conquête précieuse certaines améliorations vulgarisées par le bon marché, lesquelles intéressent le bien-être et la santé de nos familles, mais proscrivons sévèrement les dépenses inutiles et renonçons aux habitudes de je ne sais quel faux luxe dont le moindre inconvénient est de jurer avec l'humilité de notre condition et de nos entours.

Est-ce à dire que les populations doivent être abandonnées à elles-mêmes et qu'elles n'ont rien à attendre de l'Etat dont elles supportent les charges? Assurément, telle n'est pas notre pensée. L'Etat a le droit et le devoir d'intervenir pour améliorer moralement et matériellement le sort des classes laborieuses. Cette intervention est aujourd'hui plus que jamais opportune; or, sans porter atteinte au principe de la propriété, cette indispensable assise des sociétés humaines, il n'est pas impossible d'introduire dans notre législation les réformes que réclament les besoins du pays. On a pour se guider dans l'accomplissement de cette tâche les saines notions de l'économie politique, l'expérience du passé et l'exemple des nations voisines. L'agriculture ne saurait rester en dehors de ces améliorations auxquelles, par cela même, notre arrondissement se trouvera particulièrement intéressé. Voilà pour l'avenir; un avenir prochain, il faut l'espérer.

Reste le moment présent avec ses difficultés et ses périls. Dans ces dernières années, bon nombre de créanciers, mal payés de leurs intérêts, n'ont cessé de trembler pour leur capital. Maintenant que la révolution du 2 décembre est accomplie, ne songeront-ils pas à se venger de ces tribulations en poursuivant le remboursement immédiat de leurs créances? Ce serait à la fois une faute et un malheur.

Sous l'empire de la législation actuelle, il est impossible de préciser le chiffre de notre dette hypothécaire; les registres des conservateurs disent quelquefois trop et souvent pas assez; l'on y voit figurer des inscriptions prises contre des éventualités et pour assurer le remboursement des créances éteintes et indéterminées; par compensation, l'on y cherche en vain la trace des hypothèques légales qui, venant en première ligne, rendent fréquemment illusoires les mesures de sûreté prises par les créanciers ordinaires; tout ce qu'il est permis d'affirmer, en ce qui concerne notre arrondissement, c'est qu'en cas d'une liquidation forcée, les frais de justice prélevés, cette dette absorberait le prix des immeubles sur lesquels elle est établie.

Il existe une circonstance de nature à rendre cette liquidation plus lente, plus difficile et, s'il se peut, encore plus désastreuse.

Dans la plupart des affaires qu'il traite, l'agriculteur recule devant l'accomplissement des formalités prescrites par la loi. C'est une vieille habitude de ruser avec le fisc et de liarder sur des frais nécessaires. Ce fesant, il compromet l'avenir et asseoit sa fortune sur le sable. En ce pays, où la masse des transactions a trait à la propriété du sol, le nombre des actes sous seing-privé, qui ne sont pas enregistrés et qui ne le seront probablement jamais, est incalculable. Acquéreurs et donataires, beaucoup de gens négligent de faire transcrire ou ne songent à accomplir cette formalité qu'après avoir payé leur prix et exécuté des conditions onéreuses. Croirait-on que des propriétaires aisés, acquéreurs par actes sous seing-privé, attendent une échéance souvent lointaine pour convertir ces actes en contrats notariés, dans l'unique but d'éviter la perception d'un simple droit de quittance ?

Malgré les avertissements des notaires et les leçons de l'expérience, ces errements d'une aveugle routine sont encore suivis dans nos campagnes. Les inconvénients qui en découlent sont si nombreux, qu'on n'en finirait pas s'il fallait les signaler tous. Actions hypothécaires et en revendication, actions résolutoires et en distraction de biens, tels sont les principaux incidents qui viennent entraver la solution des affaires et accroître les frais de justice. Le gage commun se trouvant, par suite, amoindri, il n'est pas rare de voir des créanciers appauvris par l'expropriation qui ruine leur débiteur.

Au point de vue social et chrétien, la situation commande aussi des ménagements. L'homme qui n'a plus de foyer n'a bientôt plus de famille, et de l'isolement au désespoir, il n'y a pas plus loin que de la misère au crime. Il est, nous le savons, des circonstances sous l'empire desquelles la double qualité de débiteur et de créancier impose des nécessités douloureuses. Il se présente aussi des cas où une liquidation judiciaire est seule possible, et où il convient de la provoquer même dans l'intérêt du débiteur. Mais ce sont là des exceptions.

La longanimité du créancier fait un devoir au débiteur de consacrer à la libération tout ce qui n'est pas strictement nécessaire à son existence et à celle de sa famille ; en conseillant à l'un l'esprit de charité et à l'autre l'esprit de sacrifice, nous croyons avoir posé les véritables bases du rapprochement que commande la situation. Maintenant, à tous les hommes de générosité et d'influence de travailler à cette œuvre de conciliation, puis à Dieu de faire le reste.

Janvier 1852.

Nîmes, Typ. C. Durand-Belle, Place du Château, 8

www.ingramcontent.com/pod-product-compliance
Ingram Content Group UK Ltd.
Pitfield, Milton Keynes, MK11 3LW, UK
UKHW020218180726
13838UKWH00005B/2066